BEI GRIN MACHT SICH IHR WISSEN BEZAHLT

AF144589

- Wir veröffentlichen Ihre Hausarbeit,
  Bachelor- und Masterarbeit

- Ihr eigenes eBook und Buch -
  weltweit in allen wichtigen Shops

- Verdienen Sie an jedem Verkauf

Jetzt bei www.GRIN.com hochladen
und kostenlos publizieren

Steffen Nöhrbaß

Von der quantitativen Synthese des Kupfersulfids zu dessen Verhältnisformel

GRIN Verlag

Bibliografische Information der Deutschen Nationalbibliothek:

Die Deutsche Bibliothek verzeichnet diese Publikation in der Deutschen National-
bibliografie; detaillierte bibliografische Daten sind im Internet über http://dnb.d-
nb.de/ abrufbar.

Impressum:

Copyright © 2007 GRIN Verlag GmbH
Druck und Bindung: Books on Demand GmbH, Norderstedt Germany
ISBN: 978-3-638-79551-7

Dieses Buch bei GRIN:

http://www.grin.com/de/e-book/75649/von-der-quantitativen-synthese-des-kupfer-
sulfids-zu-dessen-verhaeltnisformel

GRIN - Your knowledge has value

Der GRIN Verlag publiziert seit 1998 wissenschaftliche Arbeiten von Studenten, Hochschullehrern und anderen Akademikern als eBook und gedrucktes Buch. Die Verlagswebsite www.grin.com ist die ideale Plattform zur Veröffentlichung von Hausarbeiten, Abschlussarbeiten, wissenschaftlichen Aufsätzen, Dissertationen und Fachbüchern.

Besuchen Sie uns im Internet:

http://www.grin.com/

http://www.facebook.com/grincom

http://www.twitter.com/grin_com

Steffen Nöhrbaß, StRef

Staatliches Studienseminar

für das Lehramt an Gymnasien

14.05.2007

Entwurf zur 2. Prüfungslehrprobe

Fach: Chemie

Termin: Dienstag, 15.05.2007, 1. Stunde (8.00 - 8.45)

Klasse: 9 c

Raum: CH 1

Thema der Stunde:
Von der quantitativen Synthese des Kupfersulfids
zu dessen Verhältnisformel

1. Lernziele 3

   1.1 Grobziel 3

   1.2 Feinziele 3

2. Unterrichtsvoraussetzungen 3

   2.1 Eigene Tätigkeit 3

   2.2 Bild der Klasse 4

   2.3 Stand der Klasse 4

   2.4 Äußere Voraussetzungen 5

3. Begründung der didaktischen Entscheidungen 5

4. Begründung der methodischen Entscheidungen 7

5. Geplanter Unterrichtsverlauf 8

6. Anhang 9

   6.1 Mögliches Tafelbild 9

   6.2 Geplantes Arbeitsblatt (zugleich Folie) 9

1. Lernziele

1.1 Grobziel

Die Schülerinnen und Schüler[1] sollen über die Ermittlung des Massenverhältnisses von Kupfer und Schwefel im Kupfersulfid dessen Verhältnisformel bestimmen können. (E1)

1.2 Feinziele

Die Schüler sollen:

- die Bestimmung des Massenverhältnisses von Kupfer und Schwefel im Kupfersulfid als Voraussetzung für die Ermittlung der Verhältnisformel nennen,
- einen Versuch zur Bestimmung des Massenverhältnisses planen, (E2, K10)
- die Versuchsdurchführung der quantitativen Synthese von Kupfersulfid beschreiben können, (F3.1, K6)
- bei gegebenen Atommassen und Massen der Stoffportionen das Atomanzahlverhältnis berechnen, (E7)
- das Atomanzahlverhältnis auf die Verhältnisformel von Kupfersulfid übertragen,
- (die Reaktionsgleichung für die Synthese von Kupfersulfid aus den Elementen erstellen.) (F3.4)

2. Unterrichtsvoraussetzungen

2.1 Eigene Tätigkeit

Die Klasse 9c unterrichte ich seit Ende der Osterferien selbst. Die Klasse an sich ist mir aus dem Sportunterricht, in dem ich die Jungen in eigener Verantwortung unterrichte und auch mit den Mädchen in einigen Stunden zusammen mit Frau Reis gearbeitet habe, bestens bekannt und auch vertraut. Die Lehrprobenstunde ist die insgesamt achte Chemiestunde, die ich in dieser Klasse halte.

---

[1] Aus Gründen der Vereinfachung wird nachfolgend nur die Bezeichnung „Schüler" verwendet.

2.2 Bild der Klasse

Die Klasse 9c setzt sich aus fünfzehn Schülerinnen und acht Schülern zusammen. Die Leistungsfähigkeit und Leistungsbereitschaft der Klasse ist insgesamt gut und hoch. Dies zeigt sich in der regen Mitarbeit und darin, dass konstruktive Beiträge von mehreren Schülern geäußert werden. Zwei herausragende Schüler können Sachverhalte treffend zusammenfassen. Bei der Formulierung von Gesetzmäßigkeiten und neuen Inhalten kann besonders auf diese Schüler zurückgegriffen werden. Vier bis fünf Schüler verhalten sich sehr zurückhaltend, beteiligen sich nur zaghaft am Unterrichtsgeschehen. Durch gezielte Einbindung in Sicherungs- und Wiederholungsphasen sollen diese Schüler zu einer aktiveren Teilnahme bewogen werden. Insgesamt ist die Bereitschaft, Arbeitsaufträge selbständig in Einzel-, Partner- oder Gruppenarbeit durchzuführen hoch. Die einzelnen Aufgaben werden in der Regel zügig und gewissenhaft bearbeitet und auf die verschiedenen Gruppenmitglieder oft selbständig verteilt. Anschließende Präsentationen der Gruppenergebnisse erfolgen dem Alter entsprechend reibungslos und eigenständig. Unbegründete Aussagen und Hypothesen werden vom größten Teil des Klasse nicht einfach hingenommen, sondern des Öfteren hinterfragt. Das Lehrer-Schüler-Verhältnis ist von meiner Seite als sehr positiv zu bewerten, so dass es mir viel Freude bereitet in dieser Klasse zu unterrichten.

2.3 Stand der Klasse

In den letzten Wochen wurde intensiv das Themengebiet der Redoxreaktionen behandelt, das mit der Betrachtung des Hochofenprozesses als technische Anwendungsmöglichkeit abgeschlossen wurde. In den letzten drei Stunden wurde dann die quantitative Untersuchung von schwarzem und rotem Kupferoxid betrachtet, um die Aufstellung von Gesetzmäßigkeiten zu ermöglichen, wobei den Schülern das Gesetz von der Erhaltung der Masse schon bekannt war. Die Schüler haben dabei den Versuch zur quantitativen Analyse der beiden Kupferoxide eigenständig in Gruppen geplant und die, anhand eines Demonstrationsversuches, ermittelten Massen in Form einer Tabelle ausgewertet. Dabei wurde ein besonderes Augenmerk auf eine genaue Fehlerdiskussion gelegt, da die Werte deutlich von den zu erwartenden Massenverhältnissen abwichen. Es schloss sich die Formulierung einer allgemeinen Gesetzmäßigkeit in Bezug auf die Massenverhältnisse in Verbindungen an. In der letzten Stunde wurde den Schülern am Beispiel der Formel von Wasser bewusst, dass es sich bei den Zahlenangaben in chemischen Formeln nicht um die Massenverhältnisse, sondern um Anzahlenverhältnisse handelt. In diesem Zusammenhang wurde die Atomhypothese von Dalton vorgestellt und die Atommassen sowie die Atommasseneinheit *u* eingeführt. Die Vorgehensweise zur Ermittlung einer Verhältnisformel ist den Schülern noch nicht bekannt.

2.4 Äußere Voraussetzungen

Zur Erleichterung aller betroffenen Fachkollegen konnten die neuen Fachräume für die Physik und die Chemie im letzten Sommer fertig gestellt werden. Es ergibt sich somit eine Vielzahl von Möglichkeiten, die entsprechenden Räume mit ihren Ausstattungen zu nutzen. Jedoch entscheide ich mich aufgrund der besonderen Lehrprobensituation gegen eine Nutzung der magnetischen „Whiteboards" an der hinteren Raumwand. Da für den geplanten Versuch ein fahrbarer Abzug benötigt wird, dieser aber den Schülern die Sicht auf die Tafel und auf die Projektionsfläche des Overheadprojektors einschränkt, ist es erforderlich, noch während der Stunde den Abzug von der Versorgung zu trennen und auf die Seite zu schieben.

3. Begründung der didaktischen Entscheidungen

Das Lehrprobenthema ist im Lehrplan der Sekundarstufe I dem Themengebiet „9.1 Chemische Reaktionen II" zuzuordnen (MINISTERIUM FÜR BILDUNG, WISSENSCHAFT UND WEITERBILDUNG RHEINLAND-PFALZ (HRSG.): Lehrplan Chemie. Sekundarstufe I. Mainz 1998, S. 238). Vor diesem Thema lernen die Schüler das Gesetzt der konstanten Massenverhältnisse kennen. Auf die quantitative Analyse von schwarzem und rotem Kupferoxid und der Vorstellung der Atomhypothese von Dalton folgt die Einführung der Atommassen und der Atommasseneinheit. Die Zähleinheit *„Loschmidt- Zahl L"* kann, muss aber nicht zwangsläufig folgen, da die Bestimmung der Verhältnisformel auch ohne die Kenntnis von *L* durchgeführt werden kann.

Die heutige Stunde hat sowohl weiterführenden, als auch einführenden Charakter, da die Schüler in den letzten Stunden bereits mit den Begriffen Massenverhältnis und Atommasse vertraut wurden (siehe 2.3). Auf diese soll dann in der Einführung der Thematik „Bestimmung der Verhältnisformel" zurückgegriffen werden. Neu ist für die Schüler der Weg zur Ermittlung der Verhältnisformel einer Verbindung. Inhalt der heutigen Stunde soll die Bestimmung der Verhältnisformel von Kupfersulfid gemäß der Beziehung „Atomzahlenverhältnis = Massenverhältnis : Atommassenverhältnis" anhand einer quantitativen Synthese darstellen.

Der Einstieg der Lehrprobenstunde soll die Schüler direkt mit der Verbindung Kupfersulfid konfrontieren. Dabei wird bewusst auf eine bildhafte Darstellung der beiden Ausgangsstoffe und des Produktes verzichtet, um den Schülern den Weg der Synthese nicht vorwegzunehmen. Die Schüler werden schnell die Ermittlung des Massenverhältnisses als ersten Schritt zur Bestimmung der Verhältnisformel in Betracht ziehen und auch die Synthese als Versuch vorschlagen und planen. Es könnte durchaus sein, dass auch Schüler die Analyse von Kupfersulfid durch Erhitzen, ähnlich der von Pyrit, welche ihnen noch aus dem ersten Halbjahr bekannt ist, vorschlagen. Hier soll von den Schülern in einer bewertenden Diskussion erkannt werden, dass der Aufschluss nicht so vollständig erfolgt, als dass man hieraus quantitative Schlüsse ziehen könnte. Als weitere Möglichkeit könnte die Reduktion von Kupfersulfid durch Wasserstoff, ähnlich wie bei der Analyse von Kupferoxid, genannt werden, die aber mit dem derzeitigen chemischen Verständnis der Schüler nicht erklärt werden kann.

Die Auswahl des Experimentes ergibt sich zwangsläufig aus der Themenstellung der heutigen Lehrprobe. Lediglich bei der Versuchsdurchführung der Kupfersulfidsynthese können Alternativen in Betracht gezogen werden. Dabei habe ich mich für die Durchführung in einem Tiegel und gegen die in einem Reagenzglas entschieden. Zwar ist die Synthese im Reagenzglas für die Schüler besser beobachtbar und durchaus auch ohne Abzug durchführbar, jedoch kennen die Schüler den Ablauf der Reaktion schon aus der Vergangenheit, und auch bei dieser Variante ist spätestens nach dem Öffnen des Reagenzglases ein Abzug nötig, um das entstehende Schwefeldioxid abzufangen bzw. überschüssigen Schwefel zu entfernen. Die Vorzüge der Durchführung in einem Tiegel liegen vor allem in einer vollständigen Umsetzung des Schwefels, ob an Kupfer gebunden oder als Schwefeldioxid entweichend und an den zuverlässigen Ergebnissen. Um ein repräsentatives Ergebnis über das Massenverhältnis von Kupfer und Schwefel im Kupfersulfid zu erhalten und um eine mehrmalige Durchführung des Versuchs aus Zeitgründen zu vermeiden, werden von mir, neben den im Experiment ermittelten Massen, weitere Werte zur Verfügung gestellt. Den Schülern sollte aus der letzten Stunde klar sein, dass man zur Ermittlung der Atomanzahlen in den Stoffportionen und folglich für die Berechnung des Atomanzahlverhältnisses die Atommassen der entsprechenden Elemente benötigt. Diese werden von mir vorgegeben (gerundete Werte), da sie den Schülern sicher nicht mehr in Erinnerung sind.

Exemplarisch soll dann die Verhältnisformel für das Kupfersulfid mit den bekannten Größen bestimmt werden. Schwierigkeiten könnten hier insofern auftreten, als dass die Schüler versuchen könnten, zunächst die absoluten Atomanzahlen in den jeweiligen Stoffportionen auszurechnen. Hier werde ich gezielt Impulse setzen, um den Schülern die Betrachtung der Verhältnisse nahe zu legen.

4. Begründung der methodischen Entscheidungen

Der Einstieg zur Lehrprobenstunde erfolgt mit einem kurzen Lehrervortrag, in dem die bekannte unbekannte Verbindung Kupfersulfid vorgestellt wird. Bekannt, da die Schüler den Namen der Verbindung schon kennen, und unbekannt, da ihnen die Verhältnisformel nicht geläufig ist. Wie man die Verhältnisformel von Kupfersulfid bestimmt, ist nun die Problemstellung für die gesamte Stunde. Die Herangehensweise der Schüler kann durchaus unterschiedlich sein, so dass die Möglichkeit des Unterrichtsgespräches hier gegeben ist, in dem die Schüler ihre verschiedenen Vorschläge diskutieren und gegenseitig bewerten. Eine Gruppenarbeitsphase in diesem Teil der Stunde wäre durchaus möglich gewesen, wurde allerdings aus Zeitgründen nicht berücksichtigt. Die Versuchsdurchführung der „zweckdienlichsten" Variante wird dann von Schülerseite zusammengefasst, wobei hier schwächere Schüler bevorzugt berücksichtigt werden sollen.

Das anschließende Experiment erfolgt als Lehrerexperiment, wobei die Schüler miteingebunden werden sollen. In einigen Literaturstellen wird die Synthese von Kupfersulfid als Schülerübung vorgeschlagen. Ich entscheide mich bewusst gegen diese Methode, weil vor allem die Sicherheit für diese Klasse nicht gewährleistet ist, da die Schüler bislang nur sehr wenige Erfahrungen im praktischen Umgang mit Geräten und Chemikalien besitzen. Durch unsachgemäße Durchführung der Experimente könnte es zu einer erheblichen Belastung mit Schwefeldioxid kommen (MAK: 0,5 ppm). Außerdem ist ein genaues und sorgfältiges Vorgehen erforderlich, um entsprechend verwertbare Messergebnisse zu erhalten.

Die Berechnung der Massen und der Massenverhältnisse wird von den Schülern in Einzelarbeit durchgeführt. Hierzu erhalten sie von mir eine vorgefertigte Tabelle mit weiteren Messwerten. Da den Schülern die Erstellung einer angemessenen Tabelle schon bekannt ist und das Anlegen während der Stunde zu viel Zeit in Anspruch nehmen würde, habe ich mich für diesen Weg entschieden. Die berechneten Werte werden dann mit Hilfe einer Folie für alle Schüler gesichert.

Der anschließende Weg zu Ermittlung des Atomanzahlverhältnisses und damit zur Bestimmung der Verhältnisformel wird in Gruppenarbeit bestritten. Als methodische Hilfe dienen dabei von mir vorbereitete Folienschnipsel, die die einzelnen Atome mit den entsprechenden Atommassen symbolisieren. Somit besteht für die Schüler die Möglichkeit, ihre Gedanken auch visuell den anderen Schülern begreiflich zu machen. Außerdem könnte auf diese Weise der Begriff der Elementargruppe thematisiert werden. Die Klasse wird von mir in fünf Gruppen zu je 4 Schülern und in eine Gruppe zu drei Schülern eingeteilt. Während der Gruppenarbeit werde ich den Gruppen eine Folie zur Vorbereitung der Präsentation der Ergebnisse reichen, wobei ein oder zwei Gruppen dann auch ihre Ergebnisse vorstellen. Ich habe mich bewusst für die Gruppenarbeit entschieden, da sie das gemeinsame Erarbeiten von Lösungsstrategien fördert und schwächere Schüler durch stärkere im Lernprozess unterstützt werden können. Die Präsentation der Ergebnisse mit Hilfe der Folie auf dem Overheadprojektor erfolgt dann exemplarisch von einer oder von zwei Gruppen, wobei die Ergebnisse im Unterrichtsgespräch bewertet, ergänzt oder verändert werden. An dieser Stelle erfolgt die abschließende Sicherung der Ergebnisse und, falls von den Schülern noch nicht erfolgt, exemplarisch der mathematische Weg zur Ermittlung der Verhältnisformel mit Hilfe von quantitativen Messergebnissen. Sollte am Schluss der Stunde noch etwas Zeit bleiben, so könnten anhand von vorgegebenen Werten die Verhältnisformeln von ein oder zwei weiteren Verbindungen ermittelt und so das in der Stunde erworbene Wissen angewandt werden.

(StRef Steffen Nöhrbaß)

5. Geplanter Unterrichtsverlauf

Unterrichtsschritt	Unterrichtsinhalte, Begriffe	Medien	U.-Form
Einstieg	Kupfersulfid – Formel?		LV
Problematisierung	Auf welchem Weg kann man die Verhältnisformel von Kupfersulfid bestimmen?	Tafel	LG, (UG)
Erarbeitung I	Entwurf eines Versuchsplanes zur Bestimmung der quantitativen Zusammensetzung von Kupfersulfid	Tafel	LG, (UG)
Sicherung I	Versuchsbeschreibung	Heft	SV, LG
Erarbeitung II	Durchführung des Versuchs und Auswertung der ermittelten Massen	Geräte, OHP	LE, EA
Sicherung II	Das Massenverhältnis von Kupfer zu Schwefel im Kupfersulfid beträgt ca. 4:1	OHP, AB	SV, LG
Erarbeitung III	Ermittlung des Anzahlverhältnisses von Kupfer- und Schwefelatomen mit Hilfe der Massen der Stoffportionen und der Atome	Folienschnipsel	GA
Sicherung III	Präsentation der Gruppenergebnisse; exemplarische Vorgehensweise zur Ermittlung der Verhältnisformel; die Formel lautet: Cu_2S	OHP	SV, LG

6. Anhang

6.1 Mögliches Tafelbild

Auf welchem Weg kann man die Verhältnisformel von Kupfersulfid bestimmen?

Idee: das Massenverhältnis von Kupfer und Schwefel experimentell bestimmen

Versuch: - ~~Analyse von Kupfersulfid (endotherme Reaktion)~~

- *Synthese von Kupfersulfid bei bekannter Masse von Kupfer*

- ~~Reaktion von Kupfersulfid mit Wasserstoff~~

6.2 Geplantes Arbeitsblatt (zugleich Folie)

Masse der Kupfer portion	Masse der Kupfersulfidportion	Masse der Schwefelportion	Massenverhältnis m (Kupferportion) : m (Schwefelportion)
1,02 g	1,27 g	0,25 g	4,08 : 1
2,15 g	2,69 g	0,54 g	3,98 : 1
1,45 g	1,82 g	0,37 g	3,92 : 1

Das Massenverhältnis von Kupfer zu Schwefel im Kupfersulfid beträgt 4:1

$$\frac{m\ (Kupferportion)}{m\ (Schwefelportion)} = \frac{4}{1}$$

Folie 2:

Vom Massenverhältnis zur Verhältnisformel

Masse der Kupferportion	=	Anzahl der Kupferatome	•	Masse eines Kupferatoms
m (Kupferportion)	=	Z (Kupferatome)	•	m (1 Kupferatom)
m (Kupferportion)	=	Z (Cu)	•	m (Cu)

Masse der Schwefelportion	=	Anzahl der Schwefelatome	•	Masse eines Schwefelatoms
m (Schwefelportion)	=	Z (Schwefelatome)	•	m (1 Schwefelatom)
m (Schwefelportion)	=	Z (S)	•	m (S)

$$\frac{m\ (\ Kupferportion\ )}{m\ (\ Schwefelportion\ )} = \frac{Z\ (\ Kupferatome\ )}{Z\ (\ Schwefelatome\ )} \cdot \frac{m\ (\ 1\ Kupferatom\ )}{m\ (\ 1\ Schwefelatom\ )}$$

$$\frac{m\ (\ Kupferportion\ )}{m\ (\ Schwefelportion\ )} = \frac{Z\ (\ Cu\ )}{Z\ (\ S\ )} \cdot \frac{m\ (\ Cu\ )}{m\ (\ S\ )}$$

Massenverhältnis der Stoffportionen	=	Verhältnis der Atomanzahlen	•	Verhältnis der Atommassen